教育部"长江学者和创新团队发展计划"资助（No. IRT1134、IRT15R25）

蘑菇与自然环境

——长白山蘑菇垂直分布

图力古尔　朴龙国　范宇光　著

上海科学普及出版社

PREFACE

序

　　长白山,《山海经》中的不咸山,所谓"大荒之中,有山名不咸,有肃慎氏之国"。这应该是对长白山的最早记载。

　　满文中的"Goromin Sanggiyan Alin",意译即长白山,也就是女真人所指的白头山。之后,《后汉书·东夷列传》中的"单单大岭",《魏书·勿吉传》中的"徙太山"及《北史·列传勿吉》《唐书·东夷列传》中的"纵太山""纵白山""太皇山""鞨靺国南境有座大山"等称呼,都有类似的意思,辽金之后统一称为长白山。至清代更是将长白山视为神山,康熙、乾隆、嘉庆都曾亲临祭祀。

　　长白山的自然价值自不必说,其历史文化价值也让人刮目相看! 近年来,在报道长白山的考古新发现时,人们不吝用"保存状况最好""揭露面积最大""最为主要的金代建筑遗址之一"以及"一张'烫金'的中国历史名片""北方边疆考古的重大突破"等赞誉之词。一改较长时间以来,认为在这"荒蛮之地"少有中原地区丰富的历史遗迹和人文景观的偏见!

　　当然,中国对长白山自然状况的研究,应该说既深又广,无论气象、水文、地质、地貌、土壤、植被都有许多更为精细的记载。安图第一位知事刘建封,他从1908年5月28日开始,用了4个多月的时间踏遍长白山的山山水水,进行了大量的勘察,查清江岗全貌,三江之源,为天池十六峰命名,绘成江岗全图,出版了《长白山江岗志略》《长白山灵迹全影》等书,这应该是用近现代科学技术描摹长白山的发端,较之康熙大帝发出"名山钟灵秀,二水发真源,翠霭笼天窟,红云拥地根"的感慨,更为具体科学地描述了长白山的自然风貌。近几年对长白山的研究愈加深入,仅在植物上,林木、花卉、草药等方面的专著犹如雨后春笋般不断推出新作佳作!

　　对于长白山菌类的记载,除早期日本、韩国、加拿大、俄罗斯等外国科学家外,我国的周以良、邓叔群、邵力平、王云、李茹光、谢支锡、王柏、戴玉成、张君义以及笔者、本书作者图力古尔等相继出版了一系列的专著和论文,这些研究是对长白山菌类的系统描述,但是细细斟酌起来,它们终究难以走出学术殿堂,少有普通百姓关注、研读。对强化科学旅游,引导文化享受,贡献不多。

　　目前,长白山考古挖掘的新发现,以及近年来对长白山文化的弘扬和基础设施建设档次的提升,都为长白山休闲旅游观光带来新的机遇,科普著作应该为此添砖加瓦,建立新功。

　　长白山是地球上,尤其是中国,在同一纬度上不同森林生态区域最为完整最为清晰的名山。它由低海拔到高海拔阔叶林带、针阔混交林带、针叶林带、高山岳桦林带和高山苔原带构成不同的自然景观，不只是林学、生态学、菌物学、植物学、动物学等生物类学科的科研教学基地，更成为文人墨客咏怀抒情的素材。

图力古尔教授近年来笔耕不辍，其中《多彩的蘑菇世界——东北亚地区原生态蘑菇图谱》获奖连连，得到各界首肯。与朴龙国、范宇光共同合作，在上海科学普及出版社出版《蘑菇与自然环境—长白山蘑菇垂直分布》一书，从不同植被生态环境入手讲蘑菇，别有一番新意，也更为生动而趣味盎然！这一新的尝试为其作为蘑菇人的精彩人生平添了浓墨重彩的一笔！

朴龙国先生和范宇光均工作在长白山自然保护区科学院，是名副其实的第一线！范宇光曾随图力古尔教授就读于我们团队多年，尽管属于更年轻一辈的菌物学人，但平时的腼腆与勤奋使其在成长道路上更强化了"敏于事而慎于言"的美德！这已不是他的第一部著作，相信更灿烂的明天在等着他！朴龙国先生是著名的摄影家，也是我多年的"摄友"！借天时地利之便，使其摄影家与博物学家（Naturalist）的双重素质浑然天成、自成一派，向世界展示了众多的精品！我和他曾在冰天雪地的严冬时节登上长白山顶，抓拍日落的瞬间，也曾在他的个人影展上流连忘返，并珍藏了他多幅佳作和影集，还多次求教于他摄影的心得想一窥自然摄影家的视界！这次由他加盟本书的撰写，会平添几分惊艳！

本书除了生态环境与菇菌的有机结合，从专业角度阐述了这些森林中的精灵是如何生活的状态外，其实作为自然与人文、科学与艺术相结合，作为生态休闲旅游中图文并茂的普及读物，也是其另一重大贡献！

前面不厌其烦地说历史，是希望能在今后更为开放的长白山景区建设中把这几个方面有机结合起来！在历史、文化景点建设的同时，不妨在不同林下自然观察地设立"最佳赏菇点"，与峡谷、与神庙、与大河、与瀑布、与密林相互穿插，共同组成悠长历史的长白山，环境优美的长白山，景色奇绝的长白山，更是富含科技的长白山！

当复建后的长白山神庙落成后，人们在缭绕的雾霭白云中遥想当年康熙、乾隆朝拜神山的盛况，与讲述、想象着天池神兽"鹿头鸭嘴，牛身鱼尾"的怪怪模样相比，是不是觉得更有神秘的色彩，更带着历史的气息，也更饱含着文化的积淀！

但是，当你走出历史，步入现实的长白山原始森林中，在每一休憩点上，遐想、发呆时，看着蓝天上飘着的白云，树梢上叽叽喳喳的飞鸟，听着呼啸的松涛，潺潺的水声，真的远比柳宗元的"隔篁竹，闻水声，如鸣佩环"来得粗犷，大气也更随性！

此时，当在"最佳赏菇点"上寻觅着密林深处若隐若现的这些神秘小精灵的倩影时，信手拈来一朵婀娜多姿的菇菌对比着本书中的玉照，那种相映成趣，那种一一相符的惊喜，那种认知后的获得感，岂不更能体味休闲观光旅游"走进大自然深处，做大自然亲密朋友"的真谛和惬意吗？

中国工程院院士

2016 年 12 月 29 日

FOREWORD
前 言

"蘑菇"一词起源于北方，兴于元朝。说起蘑菇，人们首先想到的也许是长在原始森林中的灵芝、虫草，草原上的蘑菇圈，田边地头上的田头菇，生于房前屋后的鬼伞，或者是菜市场上看到的平菇、香菇和猴头……从字义上讲，蘑菇就是广泛分布于森林、草原和山上的一类生物。分类学上属于蘑菇纲（Agaricomycetes）。

据预测，世界上的蘑菇总数可能达 50000 种之多，是一个庞大的类群，其中仅有一小部分种类被人类所认识和记载。我国对蘑菇的认识和利用由来已久。古代对菌类有众多名称，如菌、蕈、芝、蘑、菇和菰等。先民们很早就认识和利用菌类，如酱菜的制作以及食用、药用菌的栽培和应用。据记载，距今 6000～7000 年前的仰韶文化时期，中国人已大量采食蘑菇。南宋陈玉仁的《菌谱》记载了浙江等地的 11 种食用菌，如松蕈、竹蕈和鹅膏蕈等，并对其形态和生态进行了描述和分类。明代潘之恒的《广菌谱》中描述了 19 种菌物，如木耳、茯苓等。而我国最早的药物学书《神农本草经》及历代其他本草书中已记载有茯苓、猪苓、灵芝、紫芝、雷丸、马勃、蝉花、虫草和木耳等菌类。这些菌类经历了上千年医疗实践的考验，迄今仍广泛应用。

蘑菇作为生物多样性的重要组成部分，在保证生态系统的稳定和正常演替发挥着重要的作用。蘑菇通过腐生、寄生、共生和伴生等不同的模式适应生态环境。蘑菇的分布很大程度上取决于气候条件、土壤因子、寄主植物种类等，也就是说在不同的气候带，不同的土壤和不同的植被条件下往往分布着不同的菌类，并有可能完成着不同的生态功能。它是生态系统的物质循环和交换过程中不可或缺的重要组成部分，维持着生态系统中物质循环和能量流动的平衡。

长白山是我国十大名山之一，位于吉林省东南部，是我国东北地区最高的山脉。长白山得天独厚的自然环境孕育着丰富的生物多样性，尤其是因海拔高度的不同，而形成明显不同的森林植被带，因此在蘑菇的分布上也带来了较为明显的垂直分布带。作者通过主持完成国家自然科学基金项目"长白山自然保护区大型真菌多样性与森林植被相关性研究"（30670049）和教育部长江学者和创新团队发展计划项目"重要菌物资源的保育与可持续利用"（IRT1134、IRT-15R25），对长白山地区的蘑菇种类、生态分布以及保育和利用方面开展了比较系统的研究。

本书以上述两项课题研究成果为素材，着重展现长白山丰富的蘑菇种类和优美的自然环境，让读者更加直观、身临其境地感受和了解蘑菇在大自然中扮演的角色，为生态文明、生态旅游和生态保护提供服务。

【 图力古尔 】

1962 年生，蒙古族，内蒙古自治区通辽市人，农学博士，吉林农业大学教授、博士生导师，菌类作物博士点学科带头人，泰山学者，蒙古国自然科学院外籍院士，教育部"重要菌物资源保育与可持续利用"创新团队带头人。从事以大型真菌为代表的菌物物种多样性编目、种群多样性及维持机制、群落与环境因素的相关性、濒危菌物的等级划分和濒危机理与解濒等有关菌物多样性及保育学研究。发表论文 110 多篇，出版著作 8 部。

【 朴龙国 】

　　1953 年生，朝鲜族，吉林省汪清人，1976 年 9 月毕业于吉林林业学校，在长白山自然保护区工作 40 年，一直从事采集标本、生物摄影、自然保护及生物标本制作等相关领域的工作。曾任长白山自然博物馆馆长、长白山自然保护区科研中心主任、长白山科学研究院副院长、研究员，现任长白山科学研究院学术顾问。主持和参加国家级、省级科研项目 10 余项，出版著作 4 部。

【 范宇光 】

　　1982 年生，吉林省汪清人，2004 年毕业于吉林农业大学农学专业，2013 年获吉林农业大学菌类作物专业博士学位。在硕士、博士阶段开始学习菌物学。2007 年起供职于长白山科学研究院，现任长白山科学研究院实验室主任，主要从事伞菌分类与系统学研究。参与撰写菌物资源方面著作 5 部，发表学术论文 20 余篇。

CONTENTS
目　录

长白山是我国十大名山之一，位于吉林省东南部，是我国东北地区最高的山脉。长白山得天独厚的自然环境孕育着丰富的生物多样性，尤其是因海拔高度的不同，而形成明显不同的森林植被带，因此在蘑菇的分布上也呈现出较为明显的垂直分布带。

高山苔原带蘑菇

MUSHROOMS IN ALPINE TUNDRA ZONE

【气候】

高山苔原带位于长白山火山锥体顶部，海拔 2000～2600m，气温低，干旱，风大，日照充足，紫外线照射强烈。高于10℃年积温 300～500℃，年降水量 1000～1300mm，6～9 月降水 800～900mm。湿润系数 4.8～5.9，年平均相对湿度 74%。2200m 附近的黑风口，全年各月都可能出现 40m/s 的大风。

【土壤】

高山苔原带土壤为泥炭质山地苔原土，土层浅薄，富含石块和石砾，质地为粗砂壤土或粗砂土。

【植被】

高山苔原带由于气候严酷，土壤瘠薄，植物分布由下而上逐渐稀疏，种类逐渐减少，木本植物以矮小灌木为主，形成了广阔的地毯式苔原植被。按照其生活型将长白山的高山苔原分为矮灌木藓类高山苔原和多年生草本藓类高山苔原两种基本的植被群落类型。

根据作者在长白山自然保护区高山苔原带所采集的标本，长白山高山苔原带分布的大型真菌有 4 目 12 科 19 属 37 种，标本采集地点包括长白山自然保护区的北坡、西坡和南坡苔原带。由于生活环境寒冷而严酷，高山真菌产生的酶和其他生物活性物质很可能对人类有重要的用途，因此，高山真菌多样性调查意义重大。极地和高山真菌在阿尔卑斯山、斯堪的纳维亚山、落基山、格陵兰、冰岛和苏格兰等地已经有了较系统的研究。在俄罗斯、阿拉斯加和加拿大的一些地区也有过相关报道，有关东北亚大陆高山大型真菌方面未见报道。

高山苔原带虽然真菌种类不多，但往往有形态特征特殊的种类，如长白乳菇 *Lactarius changbaiensis* Y. Wang & Z. X. Xie.、矮红菇 *Russula emetica* (Schaeff.) Pers.、黄基粉孢牛肝菌 *Harrya chromapes* (Frost) Halling, Nuhn, Osmundson & Manfr. Binder 等种类在长白山地区仅见于高山苔原带，为该植被带的特有种。

▶ 长白山高山苔原带

▶1　黄基粉孢牛肝菌 *Harrya chromapes* (Frost) Halling, Nuhn, Osmundson & Manfr. Binder

▶2　高山矮红菇 *Russula emetica* (Schaeff.) Pers.

▶3　大白菇 *Russula delica* Fr.

▶4　蓝丝膜菌 *Cortinarius violaceus* (L.) Gray

▶5　苔藓盔孢伞 *Galerina hypnorum* (Schrank)Kühner.

▶6　绒白乳菇 *Lactarius vellereus* (Fr.) Fr.

► 1 长白乳菇 *Lactarius changbaiensis* Y. Wang & Z. X. Xie
► 2 绢盖丝膜菌 *Cortinarius riculatus* Fr.
► 3 亚球基鹅膏 *Amanita subglobosa* Zhu L. Yang
► 4 灰鹅膏 *Amanita vaginata* (Bull.) Lam.
► 5 紫蜡蘑 *Laccaria amethystina* Cooke.
► 6 腓骨小菇 *Rickenella fibula* (Bull.) Raithelh.

高山苔原带蘑菇

亚高山岳桦林带蘑菇

针 叶 林 带 蘑 菇

针阔混交林带蘑菇

阔 叶 林 带 蘑 菇

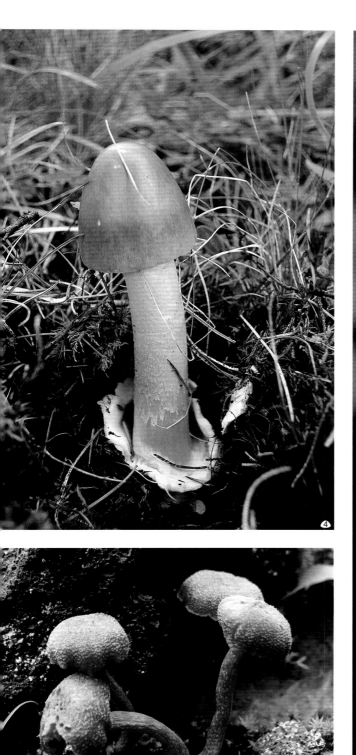

④

⑤

⑥

亚高山岳桦林带蘑菇

MUSHROOMS IN SUBALPINE ELFIN-WOODS FORESTS

【气候】

岳桦林带位于长白山火山锥体，海拔 1800 ~ 2100m，冷而多强风是其主要特征。1 月平均气温为 - 20℃，7 月平均气温为 10 ~ 14℃，高于10℃年积温 500 ~ 1000℃。年降水量 1000 ~ 1100mm。相对湿度 74 %，湿润系数 3.8 ~ 4.7。林稀通风透光好，年平均风速 6 ~ 8m/s，≥8 级大风可达 200 天以上。

【土壤】

长白山岳华林带土壤贫瘠，为亚高山草甸森林土，成土过程主要为草甸化和半泥炭化。母质为碱性粗面岩和火山灰等火山喷出岩的风化物。土层薄，不足 20cm。质地粗，粗骨化特征明显。

【植被】

亚高山岳桦林带是长白山森林分布的上限，以岳桦 *Betula ermanii* Cham 为建群种，构成长白山自然保护区森林分布的上限。岳桦矮曲林在长白山多呈舌状沿沟谷向山地苔原伸展，与高山苔原带犬牙交错，近下限的林带内常混有长白鱼鳞云杉 *Picea jezoensis* var. *komarovii*（V.Vassil.）Cheng et L.K. Fu、臭冷杉 *Abies nephrolepis*（Trautv.）Maxim. 等树种。此林带又可分为 3 种植物群落，即牛皮杜鹃 *Rhododendron aureum* Georgi.—岳桦林群落、兔儿伞 *Syneilesis aconitifolia*（Buunge）Maxim.—岳桦林群落和小叶章 *Calamagrostis angustifolia* Kom.—岳桦林群落。

长白山的岳桦林带因其特殊的地理位置和集中的分布成为生态学研究的热点区域，此区域关于植物物种组成、生理生态、林线、森林凋落物分解和土壤呼吸等方面的研究均有报道，但关于岳桦林带内大型真菌方面缺乏记载。

岳桦林是长白山森林分布的上限，也是某些真菌分布的上限，此区域生长期短、气候条件偏冷，孕育了独特的菌物种质资源。根据在长白山自然保护区北坡、西坡和南坡的岳桦林带所采标本，鉴定出长白山亚高山岳桦林带分布的大型真菌 10 目 29 科 57 属 116 种。其中不乏有可食和药用的种类。例如，蛹虫草 *Cordyceps militaris*（L.）Fr.、荷叶离褶伞 *Lyophyllum decastes*（Fr.）Singer、糙皮侧耳 *Pleurotus ostreatus*（Jacq.）P. Kumm.、蜜环菌 *Armillaria mellea*（Vahl）P. Kumm、紫丁香蘑 *Lepista nuda*（Bull.）Cooke、鸡油菌 *Cantharellus cibarius* Fr.、火木层孔菌 *Phellinus igniarius*（L.）Quèl.、树舌灵芝 *Ganoderma applanatum*（Pers.）Pat. 等，但由于岳桦林带地势险峻，一般采集者很少涉足。亚高山铦囊蘑 *Melanoleuca subalpina*（Britzelm.）Bresinsky & Stangl 等种类为该植被带特有分布种。加强对岳桦林带的保护对特殊真菌种质资源保护具有重要的意义。

► 亚高山岳桦林带——冬

MUSHROOMS AND THEIR NATURAL HABITAT

蘑菇与自然环境
——长白山蘑菇垂直分布

▶ 1 小静灰球 *Bovista pusilla* (Batsch) Pers.

▶ 2 蜜环菌 *Armillaria mellea* (Vahl) P. Kumm.

▶ 3 脉褶菌 *Campanella junghuhnii* (Mont.) Singer

▶ 4 朱红囊皮伞 *Cystodermella cinnabarina* (Alb. & Schwein.) Harmaja.

▶ 5 梨形马勃 *Lycoperdon pyriforme* Schaeff.

▶ 6 皱盖囊皮伞 *Cystoderma amianthinum* (Scop.) Fayod.

▶1 簇生黄韧伞 *Hypholoma fasciculare* (Huds.) P. Kumm.

▶2 多汁乳菇 *Lactarius volemus* (Fr.) Fr.

▶3 条柄蜡蘑 *Laccaria proxima* (Boud.) Pat.

▶4 淡紫丝盖伞 *Inocybe geophylla* var. *lilacina* Gillet

▶5 毛腿库恩菇 *Kuehneromyces mutabilis* (Schaeff.) Singer & A.H. Sm.

▶6 长孢大团囊虫草 *Elaphocordyceps longisegmentis* (Ginns) G.H. Sung

【气候】

　　针叶林带位于海拔 1100～1800m 地区，阴湿凉冷为其主要特征，年降水量为 800～1000mm。由于林高树密，尽管每年有 123～124 kcal/cm² 辐射能到达，但在浓密的云杉、冷杉林中有 95% 以上被林冠阻截，直接到达地面的不足 5%。林内气流静稳，蒸发量小，年平均相对湿度为 73%，高于10℃年积温 1000～1500℃，无霜期为 80～100 天。

【土壤】

　　此林带土壤为山地棕色针叶林土，分布面积较大，母质以火山喷出岩风化物为主，如浮石、碱性粗面岩、火山灰的风化物，土层较薄，多在 20～30cm，表层腐殖质累积。

【植被】

　　针叶林在长白山自然保护区以天池为中心呈环状围绕，是长白山主要森林植被类型之一，也是长白山 4 个典型林带中海拔跨度最大的区域。植被主要为长白鱼鳞云杉 *Picea jezoensis* var. *komarovii*（V. Vassil.）Cheng et L.K. Fu、臭冷杉 *Abies nephrolepis*（Trautv.）Maxim.、鱼鳞云杉 *Picea jezoensis* var. *microsperma*（Lindl.）Cheng et L.K. Fu、红皮云杉 *Picea koraiensis* Nakai 及隐域性的长白落叶松 *Larix olgensis* Henry 等占优势的复层异龄林，林分密度大，单位蓄积量高。长白山针叶林上限常有岳桦混交，下限常有红松伴生。主要林型有：（1）苔藓岳桦云冷杉林：以岳桦为标志种，其特点是岳桦呈乔木状分布于海拔 1600～1800m；（2）蕨类云冷杉林：以长白鱼鳞云杉、臭冷杉为主要标志树种，在海拔 1300～1600m 分布；（3）红松云冷杉林：位于暗针叶林下限，是云冷杉向阔叶红松林过渡类型，分布在海拔 1100～1400m。

　　根据在长白山北坡、西坡和南坡针叶林带所采集的标本，鉴定出大型真菌共310种，隶属于56科137属。其中，腐生菌166种，外生菌根菌136种，菌寄生真菌 6 种和虫生菌 2 种。其中，较高丝膜菌 *Cortinarius elatior* Fr.、短黑耳 *Exidia recisa*（Ditmar）Fr.、盖氏盘菌 *Galiella amurensis*（Lj.N. Vassiljeva）Raitv.、地衣状类肉座菌 *Hypocreopsis lichenoides*（Tode）Seaver.、紫杉帕氏孔菌 *Parmastomyces taxi*（Bondartsev）Y.C. Dai & Niemelä. 等为该植被带特有分布物种。

▶ 1 针叶林带
▶ 2 草本层比较发育的针叶林
▶ 3 针叶林带充足的水分和丰富的倒木为真菌生长提供了条件

► 针叶林带有着充足的储水能力

▶1　紫珊瑚菌 *Alloclavaria purpurea* (Fr.) Dentinger & D.J. McLaughlin.

▶2　变绿杯盘菌 *Chlorociboria aeruginascens* (Nyl.) Kanouse.

▶3　耳匙菌 *Auriscalpium vulgare* Gray

▶4　杯伞 *Clitocybe gibba* (Pers.) P. Kumm.

高 山 苔 原 带 蘑 菇

亚高山岳桦林带蘑菇

针 叶 林 带 蘑 菇

针阔混交林带蘑菇

阔 叶 林 带 蘑 菇

▶1 美色乳牛肝菌 *Fuscoboletinus spectabilis* (Peck) Pomerl. & A.H. Sm.

▶2 簦生菌 *Asterophora lycoperdoides* (Bull.) Ditmar.

▶3 短黑耳 *Exidia recisa* (Ditmar) Fr.

▶4 掌状花耳 *Dacrymyces chrysospermus* Berk. & M.A. Curtis.

▶5 灰喇叭菌 *Craterellus cornucopioides* (L.) Pers.

▶6 较高丝膜菌 *Cortinarius elatior* Fr.

▶7 桂花耳 *Dacryopinax spathularia* (Schwein.) G.W. Martin.

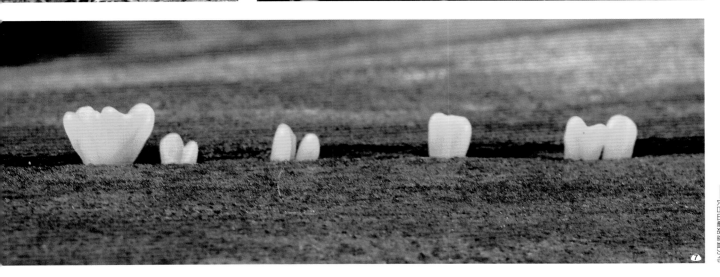

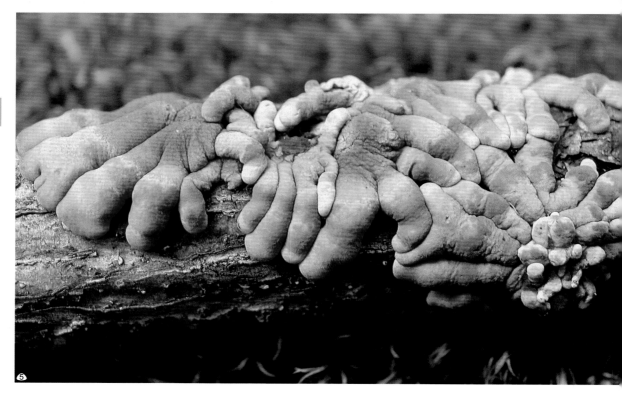

▶1　盖氏盘菌 *Galiella amurensis* (Lj.N. Vassiljeva) Raitv.

▶2　裂丝盖伞 *Inocybe rimosa* (Bull.) P. Kumm.

▶3　黑褐乳菇 *Lactarius ligniotus* Fr.

▶4　异色疣柄牛肝菌 *Leccinum versipelle* (Fr. & Hök) Snell.

▶5　地衣状类肉座菌 *Hypocreopsis lichenoides* (Tode) Seaver.

▶6　毛头乳菇 *Lactarius torminosus* (Schaeff.) Gray.

▶7　罗勒亚脐菇 *Loreleia postii* (Fr.) Redhead et, al.

▶8　薄褶丝盖伞 *Inocybe leptophylla* G.F. Atk.

▶9　雪白环柄菇 *Lepiota erminea* (Fr.) Gillet.

▶1a/1b/1c 洁丽新香菇 *Neolentinus lepideus* (Fr.) Redhead & Ginns.

▶2 紫杉帕氏孔菌 *Parmastomyces taxi* (Bondartsev) Y.C. Dai & Niemelä.

▶3a/3b 胶质刺银耳 *Pseudohydnum gelatinosum* (Scop.) P. Karst.

▶4 柠檬蜡伞 *Hygrophorus lucorum* Kalchbr.

▶5 黏柄小菇 *Roridomyces roridus* (Fr.) Rexer.

【气候】

长白山针阔混交林带冬季寒冷，夏季温暖湿热。年平均气温在 3℃ 左右，最冷月（1 月）平均气温为 −17~ −15℃，最热月（7 月）平均气温是 17~19℃，高于10℃年积温 >1500℃，无霜期为 100~120 天，太阳辐射为 553 kcal/cm²，年降水量 700~800mm，年平均相对湿度 72%，年平均风速 <3.9m/s，雾日为 38~90 天。

【土壤】

暗棕壤为本区域地带性土壤，主要成土过程为黏化和森林腐殖化过程，局部也有潜育化、草甸化与白浆化过程。母质主要为残积风化物。土壤质地较粗，结构疏松，排水良好，土层厚度约 40cm。

【植被】

长白山针阔混交林分布于海拔 700~1100m 的玄武岩台地上，在长白山的下部，处于长白山自然保护区的外围，是长白植物区系的地带性顶极植被。该林带是长白山自然保护区内典型的地带性植被，类型较多，如灌木阔叶红松林、蕨类云冷杉红松林、陡坡红松林等亚类，为各种真菌生长提供了良好的条件。红松针阔混交林是其主体，其组成种类除红松 *Pinus koraiensis* Sieb. et Zucc.。另外，还有杉松 *Abies holophylla* Maxim.、云杉 *Picea koraiensis* Nakai.、长白松 *Pinus sylvestriformis*（Takenouchi）W. C. Cheng et C. D. Chu、蒙古栎 *Quercus mongolica* Fischer ex Ledebour、色木槭 *Acer mono* Maxim.、枫桦 *Betula costata* Trautv.、水曲柳 *Fraxinus mandschurica* Rupr.、黄波萝 *Phellodendron amurense* Rupr.、核桃楸 *Juglans mandshurica* Maxim. 等，有着巨大的木材储量。

根据在长白山自然保护区针阔混交林及露水河、松江河和长白县等地相同林带所采的 1700 余号标本，报道了长白山针阔混交林带分布的大型真菌有 68 科 209 属 497 种，为 4 个典型植被带中已知真菌数量最多的林带，比针叶林带多出近 200 种。其中，紫褶亚脐菇 *Chromosera cyanophylla*（Fr.）Redhead et al.、橙黄靴耳 *Crepidotus lutescens* T. Bau、金黄鳞盖菇 *Cyptotrama asprata*（Berk.）Redhead & Ginns、毛榆孔菌 *Elmerina hispida*（Imazeki）Y.C. Dai & L.W. Zhou.、亮盖灵芝 *Ganoderma lucidum*（Curtis.）P. Karst.、灰树花 *Grifola frondosa*（Dicks.）Gray.、斑玉蕈 *Hypsizygus marmoreus*（Peck）H.E. Bigelow. 等为该植被带特有分布种。

▶ 初秋的针阔混交林带

▶1 深秋五彩缤纷的针阔混交林带
▶2 针阔混交林带中的水源
▶3 针阔混交林带中湿度大，蕴藏着丰富的生物多样性

► 1 木生环柄 *Amylolepiota lignicola* (P. Karst.) Harmaja
► 2 灰鹅膏 *Amanita vaginata* (Bull.) Lam.
► 3 蜜环菌 *Armillaria mellea* (Vahl) P. Kumm
►4a/4b 杯冠瑚菌 *Artomyces pyxidatus* (Pers.) Jülich.
► 5 盾盘菌 *Scutellinia scutellata* (L.) Lambotte.

4a

4b

5

高山苔原带蘑菇

亚高山岳桦林带蘑菇

针叶林带蘑菇

针阔混交林带蘑菇

阔叶林带蘑菇

▶1 潮湿靴耳 *Crepidotus uber* (Berk. & M.A. Curtis) Sacc.

▶2 紫褶亚脐菇 *Chromosera cyanophylla* (Fr.) Redhead et al.

▶3 橙黄靴耳 *Crepidotus lutescens* T. Bau et Y.P. Gai

▶4 东方铆钉菇 *Chroogomphus orientirutilus* Y.C. Li & Zhu L. Yang

▶5 毛皮伞 *Crinipellis scabella* (Alb. & Schwein.) Murril.

▶6 冠锁瑚菌 *Clavulina coralloides* (L.) J. Schröt.

▶7 白脉褶菌 *Campanella tristis* (G. Stev.) Segedin.

►1a/1b 毛榆孔菌 *Elmerina hispida* (Imazeki) Y.C. Dai & L.W. Zhou.
►2 金粒囊皮伞 *Cystoderma fallax* A.H. Sm. & Singer.
►3 金黄鳞盖菇 *Cyptotrama asprata* (Berk.) Redhead & Ginns
►4 束生龙爪菌 *Deflexula fascicularis* (Bres.et Pat)Corner.
►5 分支榆孔菌 *Elmerina cladophora* (Berk.) Bres.
►6 短裙竹荪 *Dictyophora duplicata* (Bosc.)Fisch.

④

⑤

⑥

▶2a/2b/2c 亮盖灵芝 *Ganoderma lucidum* (Curtis.) P. Karst.

▶ 1 安络小皮伞 *Gymnopus androsaceus* (L.) Della Maggiora & Trassinelli.
▶ 2 白毛肉杯菌 *Microstoma floccosum* (Schw.) Raitv.
▶ 3 青绿湿伞 *Hygrocybe psittacina* (Schaeff.) P. Kumm.

▶ 1 红盖小菇 *Mycena adonis* (Bull.) Gray

▶ 2 巨囊菌 *Macrocystidia cucumis* (Pers.) Joss.

▶ 3 紫丁香蘑 *Lepista nuda* (Bull.) Cooke.

▶ 4 褐褶边奥德蘑 *Mucidula brunneomarginata* (Lj.N. Vassiljeva) R.H. Petersen

❶

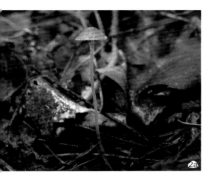  

▶1 斑玉蕈 *Hypsizygus marmoreus*(Peck)H.E. Bigelow

▶2a/2b 红顶小菇 *Mycena acicula* (Schaeff.) P. Kumm.

▶3 潮湿乳菇 *Lactarius uvidus* (Fr.) Fr.

▶4 灰树花 *Grifola frondosa* (Dicks.) Gray.

高 山 苔 原 带 蘑 菇

亚 高 山 岳 桦 林 带 蘑 菇

针 叶 林 带 蘑 菇

针 阔 混 交 林 带 蘑 菇

阔 叶 林 带 蘑 菇

▶1a/1b 淡黄鬼笔 *Phallus flavocostatus* Kreisel.
▶2 吸盘小菇 *Mycena stylobates* (Pers.) P. Kumm.
▶3 侧壁泡头菌 *Physalacria lateriparies* X. He & F.Z. Xue.
▶4 白杯革菌 *Cotylidia diaphana* (Schwein.) Lentz.

▶ 1 黄地勺菌 *Spathularia flavida* Pers.

▶ 2a/2b 西方毛杯菌 *Sarcoscypha occidentalis* (Schwein) Sacc.

▶ 3a/3b 玫瑰红菇 *Russula rosea* Pers.

▶ 4 窄盖木层孔菌 *Phellinus tremulae* (Bondartsev) Bondartsev & P.N. Borisov.

▶ 5 火木层孔菌 *Phellinus igniarius* (L.) Quél.

▶1 炭角菌 *Xylaria hypoxylon* (L.) Grev.
▶2 膨柄地锤 *Cudonia circinans.* (Pers.) Fr.
▶3 银丝包脚菇 *Volvariella bombycina* (Schaeff.) Singer.
▶4a/4b 松茸 *Tricholoma matsutake* (S. Ito & S. Imai) Singer.

3

4a

4b

【气候】

本植被类型的主要分布区年平均气温 2~5.8℃，最冷月（1月）平均气温 −19~−16℃，最热月（7月）平均气温 18~23℃，10℃以上年积温 1700~3000℃，全年日照时数 2250~2800h，无霜期 113~140d，年降雨量 502~980 mm，多集中在 6~9月。

【土壤】

长白山区落叶阔叶林土壤以山地暗棕壤为主，呈酸性反应，尚有白浆土、草甸土、河滩森林土和沼泽土等土壤类型。

【植被】

阔叶林是指以阔叶树种为建群种所组成的森林群落的总称，长白山区的阔叶林属于落叶阔叶林植被类型。广义的长白山脉东部近海，西接农区，南随千山山脉南下，北与小兴安岭林区接壤，其中的阔叶林遍布吉林省东部广大地区，为省内主要的森林植被类型之一。除亚高山岳桦林外，主要为台地、丘陵、低山和中山地貌。长白山的阔叶林类型多样，成分组成也较复杂，主要树种有蒙古栎 *Quercus mongolica* Fischer ex Ledebour、大青杨 *Populus ussuriensis* Kom.、白桦 *Betula platyphylla* Suk.、山杨 *Populus davidiana* Dode、水曲柳 *Fraxinus mandshurica* Rupr、胡桃楸 *Juglans mandshurica* Maxim.、色木槭 *Acer mono* Maxim.、紫椴 *Tilia amurensis* Rupr. 等。其中长白山自然保护区及附近（安图境内）为水曲柳、胡桃楸林及山杨、白桦林，蛟河境内的槭、椴林，敦化老白山的大青杨林，和龙、汪清境内的蒙古栎林及阔叶混交林，辉南、临江境内的阔叶混交林。

本植被带分布着大量的食用和药用真菌。其中，拟橙盖鹅膏 *Amanita caesareoides* Lj.N. Vassiljeva.、淡玫红鹅膏 *Amanita pallidorosea* P. Zhang & Zhu L. Yang.、美味牛肝菌 *Boletus edulis* Bull.、榆耳 *Gloeostereum incarnatum* S. Ito & S. Imai.、猴头菌 *Hericium erinaceus*（Bull.）Pers.、掌状玫耳 *Rhodotus palmatus*（Bull.）Maire. 等为该植被带特有分布物种。

▶1 海拔 500m 以下的为阔叶林带，是产蘑菇的重点区域
▶2 阔叶林带河流
▶3 阔叶林中保持着一定的湿度，为蘑菇的生长提供条件
▶4 柞树 – 槭树组成的阔叶林

▶1a/1b/1c 拟橙盖鹅膏 *Amanita caesareoides* Lj.N. Vassiljeva.

▶ 2 淡玫红鹅膏 *Amanita pallidorosea* P. Zhang & Zhu L. Yang.

▶ 3 鲜黄双孢菌 *Bisporella sulfurina* (Quél.) S.E. Carp.

▶4a/4b 毒蝇鹅膏 *Amanita muscaria* (L.) Lam.

高山苔原带蘑菇

亚高山岳桦林带蘑菇

针 叶 林 带 蘑 菇

针阔混交林带蘑菇

阔 叶 林 带 蘑 菇

③

4a

4b

▶ 1 网孢盘菌 *Aleuria aurantia* (Pers.) Fuckel.

▶ 2 鸡油菌 *Cantharellus cibarius* Fr.

▶ 3 美味牛肝菌 *Boletus edulis* Bull.

▶ 4 黑木耳 *Auricularia heimuer* Wu et al.

▶ 5 蛹虫草 *Cordyceps militaris* (L.) Link.

▶ 6 黄拟锁瑚菌 *Clavulinopsis fusiformis* (Sowerby) Corner.

▶ 7 棒瑚菌 *Clavariadelphus pistillaris* (L.) Donk.

▶ 8 虫形珊瑚菌 *Clavaria vermicularis* Batsch.

▶ 9 毛头鬼伞 *Coprinus comatus* (O.F. Müll.) Pers.

▶1　白假鬼伞 *Coprinellus disseminatus* (Pers.) J.E. Lange.
▶2　树舌灵芝 *Ganoderma applanatum* (Pers.) Pat.
▶3　袋状地星 *Geastrum saccatum* Fr.
▶4　冬菇 *Flammulina velutipes* (Curtis) Singer.
▶5　木蹄层孔菌 *Fomes fomentarius* (L.) Fr.
▶6　尖顶地星 *Geastrum triplex* Jungh.
▶7　榆耳 *Gloeostereum incarnatum* S. Ito & S. Imai.
▶8　焰耳 *Guepinia helvelloides* (DC.) Fr.

▶ 1 绒柄裸脚菇 *Gymnopus confluens* (Pers.) Antonin, Halling & Noordel.
▶ 2 皱柄白马鞍菌 *Helvella crispa* Bull.
▶ 3 鹿花菌 *Gyromitra esculenta* (Pers.) Fr.
▶ 4 橘黄裸伞 *Gymnopilus spectabilis* (Fr.) Sing.
▶ 5 栎裸脚伞 *Gymnopus dryophilus* (Bull.) Murrill.

▶ 1 珊瑚状猴头 *Hericium coralloides* (Scop.) Pers.

▶ 2 变黑湿伞 *Hygrocybe conica* (Schaeff.) P. Kumm.

▶ 3 半球土盘菌 *Humaria hemisphaerica* (F.H. Wigg.) Fuckel.

▶ 4 舟湿伞 *Hygrocybe cantharellus* (Schwein.) Murrill.

▶ 5 小红湿伞 *Hygrocybe miniata* (Fr.) P. Kumm.

▶ 6 猴头菌 *Hericium erinaceus* (Bull.) Pers.

► 1　毛腿库恩菇 *Kuehneromyces mutabilis* (Schaeff.) Singer & A.H. Sm.
► 2　榆干离褶伞 *Hypsizygus ulmarius* (Bull.) Redhead.
► 3　奶油绚孔菌 *Laetiporus cremeiporus* Y. Ota & T. Hatt.

▶4 橙黄疣柄牛肝菌 *Leccinum aurantiacum* (Bull.) Gray.
▶5 贝壳状小香菇 *Lentinellus cochleatus* (Pers.) P. Karst.
▶6 北方小香菇 *Lentinellus ursinus* (Fr.) Kühner.
▶7 粗毛小香菇 *Lentinellus vulpinus* (Sowerby) Kühner & Maire.

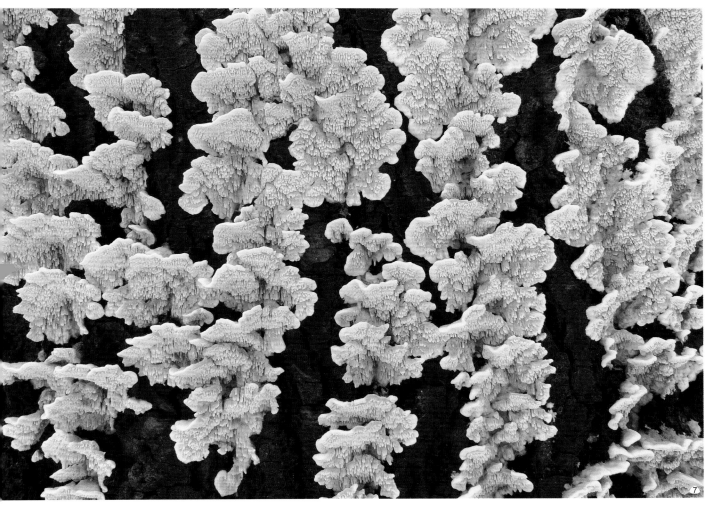

- ▶ 1 白鳞马勃 *Lycoperdon mammiforme* Pers.
- ▶ 2 乳头状大环柄菇 *Macrolepiota mastoidea* (Fr.) Singer
- ▶ 3 五棱散尾菌 *Lysurus mokusin* (L.) Fr.
- ▶ 4 香菇 *Lentinula edodes* (Berk.) Pegler.
- ▶ 5 高大环柄菇 *Macrolepiota procera* (Scop.) Singer.
- ▶ 6 琥珀小皮伞 *Marasmius siccus* (Schw.)Fr.
- ▶ 7 白耙齿菌 *Irpex lacteus* (Fr.) Fr.
- ▶ 8 黄缘刺盘菌 *Cheilymenia theleboloides* (Alb. & Schwein.) Boud.
- ▶ 9 橘色小双孢盘菌 *Bisporella citrina* (Batsch) Korf & S.E. Carp.

▶ 1a/1b 血红小菇 *Mycena haematopoda* (Pers.) P. Kumm.

▶ 2 大孢肉杯菌 *Microstoma macrosporum* (Y. Otani) Y. Harada & S. Kudo.

▶ 3 肋脉羊肚菌 *Morchella costata* (Vent) Pers.

▶ 4 海绵羊肚菌 *Morchella spongiola* Bond.

▶ 5 粉色小菇 *Mycena rosea* Gramberg.

▶ 6 灰盖小菇 *Mycena galericulata* (Scop.) Gray .

▶ 1 铜绿红菇 *Russula aeruginea* Lindblad ex Fr.

▶ 2 黄柄小菇 *Mycena epipterygia* (Scop.) Gray.

▶ 3 洁小菇 *Mycena pura* (Pers.) P. Kumm.

▶ 4 畸果无丝盘菌 *Neolecta irregularis* (Peck) Korf & J.K. Rogers.

▶ 5 血色小菇 *Mycena sanguinolenta* (Alb. & Schwein.) P. Kumm.

▶ 6a/6b 暗花纹小菇 *Mycena pelianthina* (Fr.) Quél.

▶1 胶皱孔菌 *Phlebia tremellosa* (Schrad.) Nakasone & Burds.

▶2 黏小奥德蘑 *Mucidula mucida* (Schrad.) Pat.

▶3 红蛋巢菌 *Nidula niveotomentosa* (Henn.) Lloyd.

▶4 浅杯状新香菇 *Neolentinus cyathiformis* (Schaeff.) Della Maggiora & Trassinelli.

▶5 日本类脐菇 *Omphalotus japonicus* (Kawam.) Kirchm. & O.K. Mill.

▶6 美味扇菇（亚侧耳）*Sarcomyxa edulis* (Y.C. Dai, Niemelä & G.F. Qin) T. Saito, T. Tonouchi & T. Harada

▶1 疣孢褐盘菌 *Peziza badia* Pers.

▶2 瓦尼木层孔菌 *Phellinus vaninii* Ljub.

▶3 紫萁小菇 *Mycena alphitophora* (Berk.) Sacc.

▶4 革耳 *Panus neostrigosus* Drechsler-Santos & Wartchow.

▶5 红鬼笔 *Phallus rubicundus* (Bosc) Fr.

▶6 尖鳞伞 *Pholiota squarrosoides* (Peck) Sacc.

▶7 掌状玫耳 *Rhodotus palmatus* (Bull.) Maire.

▶8 毒红菇 *Russula emetica* (Schaeff.) Pers.

▶ 1 多脂鳞伞 *Pholiota adiposa* (Batsch) P. Kumm.
▶ 2 金毛鳞伞 *Pholiota aurivella* (Batsch) P. Kumm.
▶ 3 桦滴孔菌 *Piptoporus betulinus* (Bull.) P. Karst.
▶ 4 翘鳞伞 *Pholiota squarrosa* (Vahl) P. Kumm.
▶ 5 黏皮鳞伞 *Pholiota lubrica* (Pers.) Singer.
▶ 6 黄毛侧耳 *Phyllotopsis nidulans* (Pers.) Singer.
▶ 7a/7b/7c 杂色云芝 *Trametes versicolor* (L.) Lloyd.
▶ 8 杨树伞 *Pholiota populnea* (Pers.) Kuyper & Tjall.-Beuk.

▶1 疣孢黄枝瑚菌 *Ramaria flava* (Schaeff.) Quél.

▶2 金顶侧耳 *Pleurotus citrinopileatus* Singer

▶3 狮黄光柄菇 *Pluteus leoninus* (Schaeff.) P. Kumm.

▶4 多型炭棒 *Xylaria polymorpha* (Pers.) Grev.

▶5 球孢鹿花菌 *Pseudorhizina sphaerospora* (Peck) Pouzar.

▶6 网盖光柄菇 *Pluteus thomsonii* (Berk. & Broome) Dennis.

▶7 黄侧火菇 *Pleuroflammula flammea* (Murrill) Singer.

▶8 宽鳞多孔菌 *Polyporus squamosus* (Huds.) Fr.

▶9 糙皮侧耳 *Pleurotus ostreatus* (Jacq.) P. Kumm.

▶10 具盖侧耳 *Pleurotus calyptratus* (Lindblad.) Sacc.

▶1 裂褶菌 *Schizophyllum commune* Fr.

▶2 辣乳菇 *Lactarius piperatus* (L.) Pers.

▶3 多瓣革菌 *Thelephora multipartita* Schwein.

▶4 姜黄红菇 *Russula flavida* Frost.

▶5 橙黄银耳 *Tremella mesenterica* Retz.

▶6 耳状小塔氏菌 *Tapinella panuoides* (Batsch) E.–J. Gilbert.

▶7 青黄红菇 *Russula olivacea* (Schaeff.) Fr.

▶8 茶耳 *Tremella foliacea* Pers.

▶9 碗状疣杯菌 *Tarzetta catinus* (Holmsk. Fr.) Korf & J.K. Rogers.

▶10 鳞皮假脐菇 *Tubaria furfuracea* (Pers.) Gillet.

参考文献
REFERENCES

[1] 图力古尔. 我国蕈菌生物多样性及保育研究进展. 鲁东大学学报(自然科学版), 2010, 26(4): 353～360.

[2] 图力古尔, 陈今朝, 王耀, 范宇光. 长白山阔叶红松林大型真菌多样性. 生态学报, 2010, 30(17): 4549～4558.

[3] 图力古尔, 范宇光, 胡建伟. 长白山斑玉蕈的生物学特性及致濒机理. 东北林业大学学报, 2010, 38(7): 100～102.

[4] 图力古尔, 王耀, 范宇光. 长白山针叶林带大型真菌多样性. 东北林业大学学报, 2010, 38(11): 97～100.

[5] 图力古尔, 戴玉成. 长白山主要食药用木腐菌多样性及其保育. 菌物研究, 2004, 2(2): 26～30.

[6] 图力古尔, 刘文钊, 范宇光, 康国平. 长白山大型真菌物种多样性调查名录Ⅴ阔叶林带. 菌物研究, 2011, 9(2): 77～87, 99.

[7] 图力古尔, 康国平, 范宇光, 王耀, 梁晗. 长白山大型真菌物种多样性调查名录Ⅳ针阔混交林带. 菌物研究, 2011, (1): 21～36.

[8] 王耀, 范宇光, 图力古尔. 长白山不同植被带大型真菌多样性调查名录Ⅲ针叶林带. 菌物研究, 2010, 8(4): 200～210.

[9] 王铁柱, 梁晗, 图力古尔. 长白山不同植被带大型真菌多样性调查名录Ⅱ亚高山岳桦林带. 菌物研究, 2010, 8(2): 66～70.

[10] 范宇光, 图力古尔. 长白山不同植被带大型真菌多样性调查名录Ⅰ高山苔原带. 菌物研究, 2010, 8(1): 32～34.

[11] 王薇, 图力古尔. 长白山地区大型真菌的区系组成及生态分布. 吉林农业大学学报, 2015, 37(1): 26～36.

[12] 戴玉成, 杨祝良. 中国药用真菌名录及部分名称的修订. 菌物学报, 2008, 27(6): 801～824.

[13] 戴玉成, 周丽伟, 杨祝良, 文华安, 图力古尔, 李泰辉. 中国食用菌名录. 菌物学报, 2010, 29(1): 1～21.

[14] 图力古尔, 包海鹰, 李玉, 中国毒蘑菇名录. 菌物学报, 2014, 33(3): 517～548.

[15] 戴玉成. 中国东北地区木材腐朽菌的多样性. 菌物学报, 2010, 29(6): 801～818.

[16] 王战, 徐振邦, 李昕, 等. 长白山北坡主要森林类型及其群落结构特点(之一). 森林生态系统研究, 1980, (1): 25～42.

[17] 吴刚, 代力民. 长白山温带针阔混交林结构与动态的研究. 生态学报, 1998, 18(5): 87～94.

[18] 谢支锡, 王云, 鄢玉怀. 长白山地区伞菌分布简况. 森林生态系统研究, 1983, (3): 187～190.

[19] 赵淑清, 方精云, 宗占江等. 长白山北坡植物群落组成、结构及物种多样性的垂直分布. 生物多样性, 2004, 12(1): 164～17.

［20］李茹光. 吉林省真菌志（第一卷）担子菌亚门. 长春：东北师范大学出版社，1991，1～528.

［21］李玉，图力古尔. 中国长白山蘑菇. 北京：科学出版社，2003，1～362.

［22］戴玉成，图力古尔. 中国东北野生食药用真菌图志. 北京：科学出版社，2007，1～231.

［23］图力古尔. 多彩的蘑菇世界：东北亚地区原生态蘑菇图谱. 上海：上海科学普及出版社，2012.

［24］谢支锡，王云，王柏，等. 长白山伞菌图志. 长春：吉林科技出版社，1986，1～288.

［25］李建东，盛连喜，周道玮，等. 吉林植被. 长春：吉林科学技术出版社，2001.

［26］王绍先. 长白山保护开发区生物资源. 沈阳：辽宁科学技术出版社，2007，18～23.

［27］中国科学院林业土壤研究所. 中国东北土壤. 北京：科学出版社，1980，58～60.

［28］Cripps CL., Horak E. Checklist and Ecology of the Agaricales, Russulales and Boletales in the alpine zone of the Rocky Mountains（Colorado, Montana, Wyoming）at 3000～4000 m a.s.l. Sommerfeltia, 2008,（31）：101～123.

［29］DAI YC. Changbai wood-rotting fungi 7. A checklist of the polypores. Fung. Sci., 1996,（11）：79～105.

［30］Kirk PM., Cannon PF., Minter DW., et al. Ainsworth & Bisby's dictionary of the fungi（Tenth edition）. CABI Europe － UK, 2008.

［31］Kobayasi Y. Mycological expedition to Long White Mountain of North China. Journ. Jap. Bot,1982, 57（6）：6～15.

［32］Ryvarden L. A note of the Polyporaceae in the Chang Bai Shan forest reserve in northeastern China. Acta Mycol. Sinica, 1986,（5）：226～234.

［33］Yu ZH., Zhuang WY., Chen SL. Preliminary survey of discomycetes from the Changbai Mountains, China. Mycotaxon, 2000,（75）：395～408.

图书在版编目(CIP)数据

蘑菇与自然环境：长白山蘑菇垂直分布 / 图力古尔,朴龙国,
范宇光著. 上海：上海科学普及出版社，2017.5
ISBN 978-7-5427-6783-7

Ⅰ.① 蘑…　Ⅱ.① 图…　②朴…　③范…　Ⅲ.① 长白山－
蘑菇－图集　Ⅳ.① S646.1-64

中国版本图书馆 CIP 数据核字（2016）第 200866 号

责任编辑　王佩英
装帧设计　方　明

蘑菇与自然环境
——长白山蘑菇垂直分布

图力古尔　朴龙国　范宇光　著
上海科学普及出版社出版发行
（上海中山北路 832 号　邮政编码 200070）
http://www.pspsh.com

各地新华书店经销　上海豪杰印刷有限公司
开本 889×1194　1/16　印张 6.25
2017 年 5 月第 1 版　2017 年 5 月第 1 次印刷

ISBN 978-7-5427-6783-7　定价：98.00 元